AF495060

RECHERCHES *HISTORIQUES*, SUR L'ORIGINE ET LES PROGRÈS *DE LA CONSTRUCTION* DES NAVIRES DES ANCIENS.

Tantum ævi longinqua valet mutare vetustas

Virgil. Æneid. Lib. III.

RECHERCHES
HISTORIQUES,
SUR
L'ORIGINE ET LES PROGRÈS
DE LA CONSTRUCTION
DES NAVIRES DES ANCIENS.

Par M. SAVERIEN, *Ingenieur de la Marine.*

A PARIS,
Chez CHAUBERT, Quay des Augustins, à la Renommée
& à la Prudence.

M. DCC. XLVII.

AVEC APPROBATION ET PRIVILEGE DU ROY.

P. F. Tardieu Sculp. — Chevillet invenit

A SON ALTESSE
MONSEIGNEUR LE PRINCE
CONSTANTIN DE ROHAN,
CHANOINE ET COMTE DE STRASBOURG,
ABBÉ DE L'ABBAYE ROYALE DE LYRE.

ONSEIGNEUR,

Agréez que ce petit Ouvrage paroisse sous les auspices de VOTRE ALTESSE. *C'est un premier tribut, que je dois à la bienveillance, dont Elle daigne m'honorer, & à la bonté,*

qu'Elle a de vouloir bien me faire part quelquefois de Ses précieuses connoissances dans l'Art de naviguer.

Votre goût décidé pour les sciences n'a pas peu contribué MONSEIGNEUR, *à l'étenduë de Vos lumieres dans cet Art.* VOTRE ALTESSE *convaincue, par Ses longs services sur Mer, que la seule pratique peut être sujette à l'erreur, combien de fois n'a-t-Elle pas reussi à la rectifier par une savante theorie? Les Fastes de la Marine transmettront à nos derniers Neveux ces exemples de capacité & d'intelligence, par lesquels Elle s'est toujours signalée.*

Ce n'est-là, MONSEIGNEUR, *qu'une partie de Votre gloire. Vous vous êtes montré superieur à Vous même, lorsque par le nouvel état, que Vous avez embrassé, Vous avez fait céder la grandeur humaine à l'humilité chrétienne & que Vous avez appris aux Grands de la Terre, que les plus sublimes connoissances ne doivent servir qu'à élever l'homme à l'Etre Suprême.*

Quoique ce dernier objet occupe principalement VOTRE ALTESSE, *& que Son exactitude à en remplir si dignement & avec tant d'édification les devoirs soit une suite de Ses méditations continuelles sur cet engagement sacré, je n'ai pas craint de Lui rappeller des idées de Marine, qui Lui ont été si cheres & qui ont encore des droits sur Son attention.*

Je suis avec un profond respect,

MONSEIGNEUR,

DE VOTRE ALTESSE

Le très humble & très-obéïssant
Serviteur SAVERIEN.

AVERTISSEMENT.

QUELQUE frivole qu'il puisse paroître de donner, pour motif d'un Ouvrage, la priere d'un ami où le desir d'une de ces personnes, dont les moindres signes de leurs volontés sont des ordres, je n'en ai pourtant point d'autres à alleguer.

Attaché à des occupations plus sérieuses, je ne me suis engagé à ce travail, que par l'effet d'une condescendance, dont il ne m'a pas été permis de me défendre. Pour m'aider même à surmonter ma repugnance, on m'a fait observer, qu'on avoit souhaité depuis long-tems un Détail Historique des Navires des Anciens; que ce souhait sembloit s'accroître aujourd'hui; que les Journalistes, toutes les fois qu'ils avoient occasion de parler de la Marine, ne manquoient presque jamais de faire sentir combien des recherches à ce sujet seroient curieuses & agréables.

Aïant voulu mettre la main à l'œuvre, j'ai été extrêmement surpris de la rareté des Mémoires sur cette matiere, qui ne contiennent pour la plûpart, qu'un petit nombre de faits imaginés sans preuve ou qui se contrarient les uns les autres.

C'est seulement alors, que j'ai compris combien sagement avoient pensé quelques-uns de nos plus illustres Ecrivains, lorsqu'ils avoient avancé, que rien n'étoit plus difficile, que rémonter aux tems les plus réculés, pour savoir quelle avoit été successivement la forme des premiers Bâtimens, dont on s'étoit servi, pour aller sur les eaux & pour naviguer.

Quand on ſe haſarde de marcher dans une route ſi obſcure, ne doit-on pas craindre de s'égarer ; de donner des conjectures & des fables pour des verités, ou de ne dire que des choſes déja connuës & peu dignes de la curioſité du Public ?

Dans le deſſein d'éviter au moins une partie de ces inconveniens, j'ai eû recours à une foule d'Auteurs, & principalement à ceux, qui ont le plus approfondi l'Antiquité ; & j'ai eû une extrême attention à ne rien avancer qui ne ſoit appuïé ſur les monumens anciens, & ſur des autorités, qu'on ne doit pas facilement revoquer en doute.

Si l'on juge cet Ouvrage digne d'être enrichi, j'y joindrai, ſelon l'ordre des tems, une ſuite de planches où les figures & les formes des Navires des Anciens ſeront repréſentées. Peut-être que la vûe de ces objets frappera davantage, que la deſcription la plus fidele.

Segnius irritant animos demiſſa per aurem,
Quam quæ ſunt oculis ſubjecta fidelibus. Hor. de Art. Poet.

En attendant, je recevrai avec reconnoiſſance les avis des perſonnes, qui voudront bien me faire part de leurs lumieres, pour perfectionner cet Eſſai ; car, pour me ſervir des termes de l'Auteur de *L'Art de Penſer : On ne doit conſiderer les premieres Editions des Livres, que comme des Eſſais informes, que ceux, qui en ſont Auteurs, propoſent aux Perſonnes de Lettres, pour en apprendre leurs ſentimens.*

RECHERCHES

RECHERCHES HISTORIQUES, SUR L'ORIGINE ET LES PROGRÈS DE LA CONSTRUCTION DES NAVIRES DES ANCIENS.

'Origine de la Navigation est si obscure & si cachée, qu'on n'a pû jusqu'ici en fixer sûrement l'époque. On comprend, qu'il a fallu qu'il se soit trouvé un Homme avec un cœur d'acier, pour avoir osé le premier s'exposer aux fureurs d'une Mer en courroux : mais on ignore quel a été ce téméraire.

Quelques favans Chronologiftes ont penfé, qu'avant le Déluge il y avoit des Navires, & qu'on avoit navigué. Quoique l'Ecriture fainte n'en dife rien, ils fondent leur fentiment fur ce qu'avant la fin du premier âge du monde, les diverfes contrées de la Terre étoient peuplées ; ce qui n'auroit pû être, fi les defcendans d'Adam n'avoient pas traverfé les Mers pour les aller habiter. Il y avoit auffi un grand nombre d'Ifles très-vaftes, qui fans doute n'avoient pas été défertes pendant un fi long efpace de tems, & où l'on n'auroit pû aborder, fi l'art de faire route fur les eaux avoit été ignoré.

D'ailleurs, pourquoi refufer aux Hommes de ces premiers tems d'avoir été affez ingénieux, pour inventer quelque efpéce de Barque ou de Navire, afin de s'en fervir lorfque le befoin, l'avantage, la curiofité, le commerce ou la guerre pourroient l'exiger? L'invention n'en devoit pas même paroître difficile. Il ne s'agiffoit, que de joindre & unir étroitement enfemble des matieres, qu'on voïoit chaque inftant fe foutenir & floter fur les eaux, & donner à cette Machine des bords affez élevés, pour empêcher, que les vagues ne puffent y entrer facilement & la fubmerger.

Fulgofe, pour appuïer cette opinion, affure, qu'à Berne en Suiffe, en travaillant à des mines, on avoit trouvé à plus de cent braffes de profondeur la carcaffe d'un vieux Navire, avec une Ancre & les fquelettes de quarante perfonnes.

Eusebe de Nieremberg, dans son *Histoire de la Nature*, (a) dit aussi, qu'à quelque distance du Port de Lima dans le Pérou, en fouillant dans les entrailles de la Terre, sous une montagne, pour y chercher une Mine d'Or, on en avoit tiré les débris d'un ancien Navire, sur quelques planches duquel on voïoit des caractéres antiques, qu'on n'avoit sû ni lire, ni déchiffrer.

C'est par ces traits d'Histoire & autres semblables, qu'on prétend prouver, qu'avant le Déluge la Navigation étoit connuë; puisque ces Navires n'ont pû être ensévélis si profondément sous la Terre, que dans la consusion de toutes choses, lorsque le Monde entier a été bouleversé par les eaux. Plusieurs même soutiennent, que Japha, Port de la Palestine, existoit avant ce terrible effet de la colere du Très-Haut; que ce Port se nommoit Jopé; mais que Japhet, troisiéme fils de Noé, l'aïant fait construire avant le Déluge dans une forme plus réguliere, lui avoit donné son nom.

Tous ces raisonnemens ne paroissent à quelques autres que des conjectures peu satisfaisantes, fondées sur des suppositions sans preuve, ou sur la foi d'un petit nombre d'Historiens, qu'on peut révoquer en doute. C'est, selon eux, Noé & ses Enfans, qui doivent être regardés comme les premiers Navigateurs, ou du moins comme aïant donné les premiers l'idée de la construction des Vaisseaux.

Si alors, disent ils, la Navigation avoit été connüe,

(a) Historia Naturæ L. 5. C. 2.

Noé & ses Enfans eussent-ils été l'objet de la risée & de la raillerie de ceux, qui les voïoient bâtir l'Arche ? S'il y avoit eu des Navires, ne s'en seroit-il pas trouvé plusieurs sur les Plages, dans les Ports ou en route sur Mer, lorsque les eaux commencerent à inonder la Terre; & combien de personnes n'auroient-elles pas été sauvées par ce secours? Rien n'auroit été plus facile à plusieurs, que de recourir à cet azile, & à ceux, qui étoient en Mer sur des Vaisseaux, de se soutenir sur les eaux, comme l'Arche s'y soutint pendant tout le tems que Dieu fit pleuvoir sur la Terre. Si l'Eternel avoit voulu faire périr tous ces Bâtimens, les Livres sacrés auroient-ils omis de nous parler de cet effet de la vengeance d'un Dieu terrible, dans le détail circonstancié qu'ils ont donné de l'Arche & du Deluge ?

Selon Polidore (a) & les divers Auteurs cités par Fabreti, (b) il n'y a aucune preuve, qu'avant Noé les diverses parties de la Terre ayent été peuplées comme elles le sont aujourd hui. Plusieurs Contrées, plusieurs Isles, plusieurs Roïaumes pouvoient être déserts, qui n'ont été habités qu'après le Déluge. Auparavant les Hommes ne s'étoient pas étendus hors de l'Asie ; nulle vüe, nul objet ne les avoient portés à aller chercher de nouveaux pays au-delà des Mers.

Ce ne sont peut-être là aussi que des conjectures : on en convient. Mais lorsqu'il n'y a rien de certain ni par

(a) Pol. de inv. rerum, Chap 15.

(b) Raphaelis Fabret. De Columna Traj. Singt.

l'authorité ni par la tradition, à quoi peut-on avoir recours, qu'à ce qui paroît le plus probable & le moins répugnant à la raison & au bon sens?

Sans vouloir nous décider sur ces divers sentimens, laissons à chacun la liberté de donner l'essor à son imagination, pour controuver des raisons ou des conjectures en faveur de l'un ou de l'autre parti. Ce qu'on pourra en conclure de plus vrai, c'est que l'origine de la Navigation est fort incertaine, & qu'il paroît même, qu'on a tardé beaucoup à profiter de l'idée, que l'Arche pouvoit donner pour la construction des Vaisseaux.

Il est surprenant, que long-tems après le Déluge on ne se soit servi pour aller sur les eaux, que de roseaux entrelassés, ausquels on donna dans la suite la forme de certaines grandes Corbeilles, semblables à celle sur laquelle Moïse fut exposé.

La fragilité de cette invention, qui ne pouvoit tout au plus permettre que de se soutenir sur l'eau pendant un grand calme, en fit rechercher de plus utiles & de moins périlleuses.

Au lieu de roseaux, on joignit des branchages les uns aux autres par des hards & des liens faits de l'écorce de ces mêmes branchages. On s'avisa ensuite de lier étroitement ensemble des troncs d'arbres, dont on fit des Trains longs & plats, qui formerent des Radeaux. *

C'est sur ces Radeaux, qu'on commença à transpor-

* Les Radeaux furent appellés par les Grecs *Schedia*, & selon quelques Auteurs, perfectionnés par les Lydiens.

ter des denrées & des marchandises d'un lieu à un autre, & à faire de courts & faciles trajets : mais ce ne fut que sur les Fleuves & sur les Rivieres, sans oser encore, avec un Bâtiment si informe & si peu sûr, s'exposer aux vents & aux flots d'une Mer agitée. On abandonnoit ces lourdes masses au courant de l'eau, & les Conducteurs, avec de longues perches qu'ils appuïoient fortement contre la terre, les contraignoient à tenir le lit de la Riviere, lorsque par les courans ou par les vagues elles étoient jettées sur l'un ou l'autre bord.

Comme ces perches étoient inutiles quand on ne trouvoit point de fond, à cause de la trop grande profondeur d'eau, on commença à s'en servir comme d'une sorte de Rame, qui n'avoit pas de point d'appui, ainsi que les Sauvages le pratiquent encore aujourd'hui pour conduire leurs Piroques.

L'expérience aïant fait voir, qu'on pouvoit par ce moyen un peu mieux diriger la *flotaison*, on imagina d'attacher de ces longues perches aux deux côtés des Radeaux ; & comme les choses se perfectionnent par la pratique & la réflexion, on comprit, que si ces perches, par le bout, qui entre dans l'eau, étoient plates & un peu plus larges, elles pousseroient un plus gros volume d'eau, & qu'elles feroient ainsi mouvoir les Radeaux avec plus de vitesse. Cette considération donna lieu à faire des Rames telles à peu-près que celles dont on se sert à présent.

Ces Radeaux, qui n'étoient qu'une machine plate,

n'avoient rien qui pût empêcher les flots de passer par-dessus. Pour y remedier, on les borda tout au tour de claies d'ozier, (a) de branchages & ensuite de planches. Les Radeaux ainsi fermés, à la faveur des Rames posées aux deux côtés, par le secours de ces longues perches, dont nous venons de parler, que nos Mariniers appellent des Gaffes, ou à l'aide des animaux, qui les tiroient le long du rivage, étoient les seuls Bâtimens, dont on se servit pendant long-tems pour le transport des Hommes ou des Marchandises, ou pour passer d'un bord d'une Riviere à l'autre bord. Comme cette sorte de Bateau étoit sujet à un grand nombre d'inconvéniens, un Marin plus ingénieux imagina de creuser des troncs d'arbres.

Cette derniere invention parut si heureuse & si solide, qu'elle fut mise en usage presque parmi tous les Peuples ; & chaque Nation à l'envi l'une de l'autre, aïant tâché de la perfectionner, on en forma d'espéces de Gondoles, que les Grecs appellerent des *Monoxilles*, & qu'on nomma aussi des Auges (b)

A cette fin, on chercha dans les Forêts les plus gros troncs d'arbres & les plus faciles à être creusés ; & l'on en trouva d'une grosseur si surprenante, que, selon Pline, (c) il y avoit de ces Gondoles faites d'un seul tronc d'arbre creusé, qui contenoient trente Hommes.

Ravéneau de Lussan, dans son voïage de la Mer du

(a) Antiquité expliquée par le Pere Montfaucon, Tom. 4. 2. Partie.

(b) Tite Liv. L. 1. &c. Proc. de B. L. 1. (c) Pline, L. 16. Ch. 40.

Sud avec les Flibustiers, dit qu'il en avoit vû, qui contenoient quatre-vingt Hommes. Le Pere Fournier dans son Hydrographie, (a) Daviti dans sa Description du Monde, (b) assurent qu'il y a à Congo des Vaisseaux de guerre, appellés *Licondes* par les Habitans du païs, qui, quoi que faits d'un seul tronc d'arbre, renferment jusqu'à deux cens Hommes.

On lit dans l'Histoire de la Conquête du Mexique, (c) qu'aussitôt que Grijalva fut entré dans la Riviere du Tabasco, les Indiens le vinrent trouver sur des Canots faits d'un seul tronc d'arbre ; dans l'Histoire de saint Domingue, par le Pere Charlevoix, il dit que les Sauvages de cette Isle, qui n'avoient point d'instrumens de fer, se servoient du feu, pour abbatre les gros troncs d'arbres & pour les creuser, afin d'en former des Piroques.

Diodore de Sicile, rapporte (d) quelque chose de plus extraordinaire. Il dit, que dans ces premiers tems où l'on creusoit des troncs d'arbres, pour aller sur les eaux, on faisoit dans l'Inde plusieurs Bateaux d'un seul de ces Roseaux, que nous nommons aussi *Cannes*. Ces Cannes ne differoient de celles, que nous voïons en Europe, qu'en longueur, grosseur, & epaisseur : elles étoient vuides en dedans, de sorte que sans aucun autre travail, que de fendre une Canne en deux, & de la diviser par ses nœuds, on avoit autant de Canots qui portoient trois Hommes.

(a) Pline. L. 16. Ch. 40. (b) Hydrogra. L. 1. (c) T. 1.
(d) Diod. L. 2. & Hèliod. Æthi. L. 10. C. 27.

Avec

Avec le ſecours des rames on commença à s'éloigner un peu de la côte ſur les Radeaux & ſur les Monoxiles : mais on regagnoit promptement le rivage dès que les eaux s'agitoient, ou que les vents étoient trop violens.

Une découverte mene ſouvent à une autre, & une premiere invention n'eſt ordinairement que l'ébauche d'une plus parfaite. Par les Rames poſées aux deux côtés des Radeaux & des Monoxiles, on n'avoit encore trouvé que l'art de les faire mouvoir par l'avant; il falloit imaginer un moïen de les faire mouvoir facilement par les côtés, & de les diriger plus ſûrement dans la route. Le méchaniſme de la Rame fit connoître, qu'on pouvoit trouver cet avantage dans une Rame, plus large & plus courte, qui ſeroit poſée ſur le derriere de ces Bâtimens. L'experience prouva qu'avec cet Aviron, il étoit aiſé de virer promptement à droite ou à gauche, & de ſuivre ſans peine la route qu'on vouloit tenir.

Ces Radeaux, ces Monoxiles faits d'un ſeul tronc d'arbre, quoique garnis de leurs Rames & de leur Aviron, n'étoient point encore des Bâtimens aſſez ſolides & aſſez ſûrs pour oſer s'y riſquer à affronter les périls des Mers. La curioſité, l'avarice, la cupidité étoient néanmoins déja des paſſions trop violentes dans l'Homme, pour qu'il ne cherchât pas à les ſatisfaire. Cette vaſte étendüe d'eau où l'œil ne trouvoit point de bornes, étoit un obſtacle à ſes déſirs, & il vouloit les contenter.

Dans cette vûë, on essaya de construire avec des planches étroitement unies ensemble, des Bateaux plus grands que les Monoxiles ; & profitant peu à peu de ce que l'art & l'experience pouvoient avoir appris, on en fit de toute grandeur & de toute figure, de ronds, d'ovales, d'une longueur proportionnée à la largeur & d'extrêmement longs : ces derniers ressembloient en quelque maniere à ce que nous nommons Galeres & les autres à ce qu'on appelle Barques.

Tous ces Bâtimens en grand nombre, qui furent alors construits, n'établissoient qu'une navigation fort imparfaite, & ne permettoient tout au plus que de naviguer à vuë de terre. L'art de bâtir des Vaisseaux afin d'oser prendre le large, passer les Mers & faire de plus grands voyages étoit encore inconnu, lorsqu'il parut une sorte de Navire, si l'on peut donner ce nom à un tas de planches assemblées, qui formoient un gros poisson extrêmement large par le ventre, & qui nageoit en laissant paroître la moitié de son corps sur l'eau. Fabreti, (*a*) Schefer, (*b*) Morisot, (*c*) en ont donné la figure.

La tête de ce poisson avec deux grands yeux, & la gueule béante formoit la Prouë de ce Navire ; son ventre en composoit la capacité & la Poupe ; sa queuë

(*a*) Raphaelis Fabreti. De Columna Traj. Sing.
(*b*) Joannis Scheferi. De Mili. Nav. Vet.
(*c*) C. B. Morisoti. Or. Ma. Historia Gen.

mouvante en étoit le Gouvernail & les Rames en repréſentoient les Nageoires.

On décendoit dans le corps de ce poiſſon, par une ouverture en forme de porte, qui étoit au-deſſus. Cette ouverture étoit formée en haut par un linteau, qui avoit une ſaillie en dehors, afin d'empêcher que les eaux de la pluie n'entraſſent dans le corps de ce poiſſon. Les Rames ſortoient par des trous ménagés au-deſſus du ventre; & ces trous ainſi que la porte & les ouvertures des yeux, ſervoient à donner de l'air & du jour à ceux qui y étoient enfermés.

Cette Machine parut alors d'une ſi admirable invention, que non-ſeulement les différentes Nations en firent conſtruire de ſemblables, mais chacune voulut auſſi s'en attribuer la gloire.

Diodore donne l'invention des Vaiſſeaux à Neptune; Tertullien à Minerve; Euſebe aux Samotraces; Clement Alexandrin à Atlas; Ovide & Catulle à Jaſon; Héſiode aux Mirmidons, qui paſſerent dans l'Iſle d'Egine; Tibulle & Pomponius Mela aux Phœniciens; Pline à Danaüs, & quelques-autres aux Argonautes en général, qui firent la conquête de la Toiſon d'or.

Si l'on ignore quels Hommes ou quels Peuples ont inventé les Navires, & en quel tems préciſément on a commencé à en faire uſage; on ſait cependant que les Navires ſont fort anciens, à moins qu'alors on n'eût généralement appellé de ce nom les Barques, les Galeres & autres ſemblables Bâtimens: car, ſelon Euſebe dans ſa Chronique, Triptoleme, Marchand de Bled l'an 1403 avant Jeſus-Chriſt, tranſporta une grande quantité de grains dans des Villes maritimes, ſur un Navire dont la partie ſaillante de la Proüe étoit faite en tête de Serpent. La longueur du Navire repreſentoit le corps du Serpent; le Gouvernail formoit ſa queuë; les Rames reſſembloient à deux aîles: ce qui, ſi l'on en croit le même Auteur, donna lieu à la fable des Serpens aîlés.

Nous ſavons auſſi, & c'eſt Diodore de Sicile qui nous l'apprend, (a) que la Reine Semiramis, l'an 1963 avant la naiſſance du Seigneur, aïant formé le deſſein de conquerir l'Inde, fit conſtruire à Bactres trois mille Navires, qui ſe démontoient; qu'elle les fit tranſporter par terre ſur des Chameaux juſques au bord du fleuve Indus; que là les pieces démontées aïant été raſſemblées & les Navires mis à flot, elle donna bataille, enfonça mille Navires Indiens & défit l'armée navale du Roi Strabobate.

Ce nombre prodigieux de Navires, ne doit-il point nous faire préſumer, que ce n'étoient que de petits Bâtimens, qu'on ne peut gueres comparer à ce que nous entendons aujourd'hui par Navire ou par Vaiſſeau?

Les Conſtructeurs de ces Bâtimens y diſtinguerent trois principales parties, la Proüe, la Poupe & le mi-

(a) Diod. L. 2.

lieu, que les Latins appellerent *Carina* & que nous nommons la Quille. La hauteur du Navire fut aussi divisée en trois parties. On donna à la plus haute le nom de *Tranos*, c'étoit une espece de premier pont, à la seconde celui de *Zyga*, & à la plus basse celui de *Thalamos*.

En même tems, qu'on travailloit à aggrandir, à renforcer, à perfectionner les Navires, on multiplioit aussi le nombre des Rames, pour en accélérer la vitesse. Il n'y eut d'abord qu'un rang de Rames, ensuite deux; on les augmenta jusqu'à quarante, à mesure que les Navires devinrent plus grands & plus longs & selon le nombre de rang de Rames, on les appella *Uniremes*, *Biremes*, *Triremes*, *Quadriremes*, &c.

La position de ces Rames a formé parmi les Savans une dispute fort célebre. Plusieurs Ecrivains ont soutenu, que les Rames étoient toutes posées en rang de suite, à peu près comme elles le sont aujourd'hui sur nos Galeres. Quelques-uns au contraire ont pretendu, que ces rangs de Rames étoient les uns sur les autres. On a cité en faveur de ce dernier sentiment une multitude de passages d'Auteurs anciens, qui paroissent ne laisser aucun doute sur ce sujet, & qui sont fortifiés par l'inspection de la Colonne Trajanne, où ces rangs de Rames sont représentés les uns sur les autres.

Le docte Pere Montfaucon (a) prétend néanmoins, que non-seulement la chose ne peut pas être vraie,

(a) Anti. ex. 2. P.

mais qu'elle eût même été impossible : il fonde cette impossibilité sur ce qu'aïant consulté un grand nombre de Marins là-dessus, tous l'ont assûré, qu'elle auroit été impraticable.

L'illustre M. Rollin, (a) soutenant l'opinion opposée, regarde le témoignage des Marins comme une foible preuve en comparaison de celle, que l'on doit tirer de la figure même, que l'on voit sur la Colonne Trajanne.

Sans entrer dans la contestation entre ces Savans, il paroîtra d'abord, que si l'on avoit mis trente ou quarante rangs de Rames les uns sur les autres, l'élevation des plus hauts rangs auroit été trop considerable; & sans parler de mille inconveniens, que cette grande hauteur semble presenter, où auroit-on pû trouver des Rames assez longues & assez maniables, pour que les Rameurs des plus hauts rangs eussent pû toucher l'eau & y faire quelque effort?

Il est aisé de concilier en quelque sorte ces deux opinions, si l'on fait attention à ce qui a été dit un peu auparavant; savoir, que la hauteur des Navires étoit divisée en trois parties, & que chacune de ces parties étoit distinguée par un nom différent. Ces trois parties, qui faisoient comme trois sortes de ponts, donnoient lieu à placer les Rameurs sur chacun de ces ponts, qui par-là se trouvoient les uns sur les autres.

Ceux qui étoient posés au plus bas pont, avoient les

(a) Hist. Anc. T. 4.

Rames plus courtes, & ceux qui étoient placés au plus haut pont les avoient plus longues, afin que ces longues Rames, en s'étendant plus loin que les plus basses, ne nuisissent pas, & que par un coup de toutes ces Rames, donné en même tems, on pût sans s'embarasser faire cingler le Navire.

Comme l'on mit ensuite plusieurs rangs de Rames, il est vrai de dire, que les rangs de Rames étoient les uns sur les autres, & qu'ils étoient aussi de file comme sur nos Galeres. Telle étoit alors la position des Rames sur les Navires : ce qui réunit le sentiment de ces deux Grands-Hommes, dont nous venons de parler, qui appelloient un rang de Rames une file de Rames, soit en largeur, soit en hauteur du Navire ; au lieu qu'on doit considerer un rang, deux Rames posées l'une à droite, l'autre à gauche. En admettant quarante rangs de Rames, ce sentiment paroît le plus naturel & peut être même le véritable.

Quoiqu'il en soit, selon Thucidide, (a) dans les premiers tems il n'y avoit qu'un seul rang de Rames, & les Rameurs, en quelque nombre qu'ils fussent, étoient tous sur une même ligne. Les Navires, qui composoient la Flotte, que les Grecs envoyerent contre Troie, n'étoient garnis que d'un seul rang de Rames. Du nom, qu'on avoit donné à ces trois ponts, on appella les Rameurs du plus bas pont *Thalamites*, ceux du milieu *Zigites*, ceux du plus haut *Tranites*. Ces der-

(a) Thu. L. 1.

niers étoient choisis parmi les plus robustes, & ils avoient une plus grosse paye ; parce qu'il falloit qu'ils fissent un plus grand effort à cause de la longueur & de la grosseur de leurs Rames.

Les Tranites, les Zygites, les Thalamites, n'étoient point des Hommes condamnés à la Rame : c'étoient des Citoïens libres. Lorsqu'ils ramoient, ils avoient les épaules nuës ; on les leur oignoit d'huile, afin que leurs nerfs & leurs muscles fussent plus souples & plus propres à soutenir long tems le travail sans se fatiguer. Hors l'exercice de la Rame, ils se couvroient d'une Cape faite de poil de Chevre, vêtement assûre Varon, qui pouvoit les mieux garantir contre toutes les injures de l'air.

La Chiourme étoit commandée & dirigée par un Chef. Le travail de la Rame se faisoit au son de quelques Instrumens qui, en même tems qu'ils servoient à adoucir l'ennui & la peine des Rameurs, les faisoient manœuvrer de concert & avec beaucoup de justesse. (*a*)

Cette coutume de voguer au son des Instrumens & en cadence, est encore en usage dans les Moluques. Le Pere Fournier, dans son Hydrographie, (*b*) rapporte que sur les Galeres de ce païs, nommées *Caracoles*, les Rameurs ne sont point dans la Caracole, mais assis sur des roseaux attachés en dehors ; que chaque coup de Rame se fait au son d'un certain Tambour, dont l'harmonie est brillante, qui les fait voguer comme si l'on battoit la mesure. Les

(*a*) Quintilien L. 1, C. 10. (*b*) Hy. L. 1.

Les Navires, pendant un très-long tems, ne faisoient route qu'à force de Rames. L'invention d'aller à la Voile n'avoit pas encore été trouvée. Il est même surprenant, qu'un petit Poisson nommé Nautile, fort connu des Marins, n'en eût pas plûtôt donné l'idée.

Ce Poisson, dont on a de tout tems admiré l'industrieux instinct, voulant faire ses courses sur la Mediterranée, fait sortir l'eau renfermée dans sa coquille, & se rendant par-là plus leger qu'un égal volume du fluide, qui l'environne, il sort du sein des Mers & paroît sur la surface des eaux. Alors déploïant ses pattes de derriere, jointes par une membrane très-délicate, il les éleve, afin qu'elles lui servent de Mât & de Voile. Il plonge celles de devant; leur fait faire la fonction des Rames, & donne habilement à sa queuë, qui lui sert de Gouvernail, tous les mouvemens necessaires pour le diriger dans sa route.

C'est au sujet de cet admirable Poisson, qu'un Poëte Anglois (a) s'écrie: ô Homme, apprend du Nautile à naviguer, à élever un Mât, à manier la Rame & le Gouvernail, à recevoir l'impression du vent!

Un exemple si frappant ne produisit cependant rien. Le génie du Marin le plus inventif se borna à multiplier les Rames, à en changer quelquefois la position & à en augmenter l'effort par une plus grande longueur, & par un plus grand nombre d'Hommes qu'on y appliqua.

(a) Pope. Essai sur l'Homme. Ep. 3.

Ce n'eſt peut-être qu'au haſard qu'on eſt redevable de l'uſage des Voiles, ou du moins il n'eſt pas ſûr de déterminer, qui en a été l'Inventeur. Les Grecs en attribuent l'invention à Dédale; quelques-autres Peuples à Eole, & Pline en donne l'honneur à Icare: mais tout cela n'eſt appuié que ſur de foibles fondemens.

Le Pere Montfaucon rapporte une Médaille, (a) où eſt repreſentée une Femme, qui eſt débout ſur la Proue d'un Navire, tenant avec ſes deux mains étenduës & élevées ſon Voile de tête, que l'on voit floter au gré des vents. Un Génie paroît deſcendre du haut d'un Mât poſé au milieu du Navire, après y avoir attaché une Voile à une Vergue, ſurmontée de deux Palmes. Un autre Génie eſt débout derriere la Poupe de ce Navire, montrant d'une main la Voile attachée au Mât. Sur la Poupe eſt un troiſiéme Génie ſonnant de la Trompette, & en dehors de la Proüe un quatriéme Génie, qui tient une ſorte de Luth ou de Guitarre.

Un habile Antiquaire a crû, que ce Vaiſſeau étoit celui de Cleopatre accompagnée de quatre Cupidons: mais le Navire, qui paroît ſur cette Médaille, eſt ſimple, tout uni, ſans aucun ornement. Celui de Cleopatre étoit pompeux, extrêmement diſtingué par un travail recherché & par des ornémens de galanterie. Selon Florus (b) ce Vaiſſeau avoit la Poupe d'or & les

(a) Ant. ex. To. 4. 2. Par. On voit cette Médaille au Frontiſpice de cet Ouvrage.

(b) Fl. L. 1. C. 11.

Voiles de pourpre. D'ailleurs ce n'est pas là expliquer l'attitude de ces Génies ou Cupidons.

Le Pere Montfaucon, qui comprenoit, que cette explication n'étoit ni naturelle, ni vraisemblable, a cherché à en donner une autre. Il prétend, que cette Femme représente l'Aurore, qui dissipe sur la Mer, les tenébres de la nuit, & ces quatre Génies applaudissent à cette clarté naissante.

Cette idée paroît encore peu satisfaisante. Le Pere Montfaucon l'a suspectée lui-même avec raison. Ce Savant sentoit, qu'il restoit à deviner à quoi se rapportoient les attitudes & les diverses fonctions de ces Génies. Ne pourroit-on pas risquer une conjecture plus vraisemblable & plus conforme à la représentation de la Médaille?

On lit dans Cassiodore, (a) qu'Isis ne sachant ce qu'étoit devenu son Fils, Fils qu'elle aimoit éperdûment, se proposa de le chercher & de n'épargner ni soin, ni fatigue, pour le trouver. Transportée d'une tendresse audacieuse, (pour me servir de l'expression de l'Auteur) elle se livre à la merci des Flots, sur le premier petit Bâtiment de Mer, que dans son agitation & dans son desespoir le hasard lui fait rencontrer. Son courage & son amour lui donnent d'abord assez de forces pour manier de lourdes Rames: mais enfin épuisée & succombant à un travail, qu'elle ne peut plus soutenir, elle se leve; & dans la plus forte indignation contre la foiblesse & la delicatesse de

(a) Cassiod. Mag. Aur. Ep. 17. L. 5.

ſon corps, elle défait ſon Voile, & le tenant ferme avec ſes deux mains étenduës, elle l'éleve en l'air; les vents l'enflent & font connoître l'uſage de la Voile.

Cette Femme repréſentée dans la Medaille avec ſon Voile, qui flotte & qu'elle tient avec ſes deux mains, ne ſeroit-elle point Iſis, dont on a voulu tranſmettre cette action ſinguliere à la poſterité! Si cela eſt, il n'y a plus rien d'obſcur dans la Medaille.

Par ce Génie, qui deſcend du Mât, après y avoir attaché une Voile, on a voulu apprendre, que le Voile d'Iſis a donné lieu à l'uſage de la Voile. Le Génie, qui montre cette Voile avec la main, ſignifie, qu'elle eſt le ſujet de remarque de cette Medaille. Le Génie ſonnant de la Trompette, inſtrument dont on ſe ſervoit ſur Mer, annonce & publie cette importante découverte. Celui, qui tient cette ſorte de Luth ou de Guitarre, repréſente les Inſtrumens, au ſon deſquels on faiſoit voguer les Rameurs, & indique, que malgré l'uſage de la Voile, les Navires ſentiront toujours le coup des Avirons. Enfin les deux Palmes, que l'on voit au haut du Mât, ſont le ſigne de la Victoire, qu'à la faveur des Voiles on remporte contre la violence des flots & la fureur des Mers.

Dès que la Voile eût été trouvée, on en fit de toutes ſortes de figures, & de toutes ſortes de couleurs. On en voit ſur des Medailles & ſur des Pierres gravées, de rondes, de triangulaires, de quarrées. La matiere, dont on ſe ſervoit pour les Voiles, fut différente. Les

Egyptiens en firent de l'écorce d'un arbre, qui croissoit chez eux, nommé *Papyrus*; les Latins d'une plante appellée *Spartum*.

Quelques autres Peuples emploïerent pour Voile des Joncs entrelassés. Les Bretons du tems de Cesar en avoient de Cuir. Mais peu à peu la matiere la plus ordinaire fut le Chanvre & le Lin; & c'est par cette raison que les Voiles furent appellées *Carbassa* du mot Latin *Carbassus*, qui signifie du Lin.

L'avantage, qu'on espéra tirer de l'usage de la Voile, fit chercher tous les moïens de construire des Vaisseaux propres à traverser les Mers, & on essaya à cette fin toute sorte de bois. Selon Vitruve, celui de Cyprès fut emploié préférablement à plusieurs autres. On étoit persuadé, que ce bois duroit long-tems & ne pourrissoit point dans l'eau. Giralde (*a*) prétend au contraire, que le Pin étoit le bois, dont plus communement on construisoit des Navires: c'est aussi le sentiment de Virgile. (*b*) Les Syriens & les Phœniciens firent leurs Vaisseaux de Cèdre, arbre dont le Mont-Liban & les autres montagnes étoient couverts. Le Chêne étoit décrié parmi les Anciens. (parce que sans doute ils ne le connoissoient pas.) Le Figuier leur paroissoit si mauvais, que par une sorte de Proverbe, un Homme de nul mérite ou qui n'étoit bon à rien, étoit nommé *Vaisseau de Figuier* (*c*)

(*a*) Girald. De. Re. Nav. C. 4.

(*b*) Virgile Eglogue 4. . . . . *nec Nautica pinus,*
Mutabit merces,

(*c*) *Navis ficulnea.*

Les premiers Vaiſſeaux des Indiens & ceux des Æthiopiens, qui naviguerent ſur la Mer rouge, n'étoient conſtruits que de planches artiſtement aſſemblées & étroitement unies enſemble. On leur attribuoit, que par une vieille erreur parmi ces Peuples, ils évitoient avec grand ſoin d'affermir par des Cloux les planches de leurs Vaiſſeaux; parce qu'ils croïoient, que des Navires à la conſtruction deſquels on avoit emploïé du fer, avoient été arrêtés dans ces Mers, attirés & retenus par des Pierres d'Aiman, qui y ſont communes.

Mais ce n'eſt là qu'une fauſſe prévention qu'on leur prêtoit; car les Romains, qui naviguerent enſuite ſur cette Mer, n'éprouverent point ce malheur, quoique les planches de leurs Bâtimens fuſſent attachées avec le fer. La raiſon pour laquelle les Æthiopiens n'uſoient point de fer dans la conſtruction de leurs Navires, c'eſt que ce métal leur manquoit; & cela eſt ſi vrai, que, ſelon Procope, les Romains voulant profiter de la diſette du fer, où cette Nation ſe trouvoit, firent une Loi, par laquelle on défendit de lui en porter (*a*).

Dans ces tems reculés où l'on commença à conſtruire des Navires, les jointures des planches n'étoient fermées que par une ſorte de Jonc, qu'on faiſoit entrer avec adreſſe dans la plus petite fente, & qui étoit enſuite couverte avec de la Cire liquide. Peu après on calfata avec plus de précaution & de ſolidité. L'on ſe ſervit d'une Etoupe enduite de Cire & de Réſine.

(*a*) Procop. De Bel. Perſ. L. 1.

Cette composition boüillante s'attachoit fortement au bois.

Lorsqu'un Navire avoit été construit ; qu'il étoit bien calfaté & prêt d'être lancé à la Mer, on instruisoit par avance le Peuple du jour auquel il devoit être consacré à quelque Divinité, sous la protection de laquelle on avoit résolu de le mettre. Chacun se préparoit à cette fête impatiemment attenduë, où l'on n'oublioit rien de tout ce qui pouvoit la rendre plus solemnelle, & exciter davantage la curiosité & l'allegresse publique.

Le jour destiné à la Cérémonie, les Prêtres, (a) les Principaux de la Nation, les Dames du plus haut rang, & une multitude de personnes de tout état, se rendoient au bord de la Mer avec toute la magnificence, que le desir d'être vû & le zèle pour la religion pouvoient inspirer. Un Temple pompeux, décoré de toutes sortes d'ornemens galans & de représentations mysterieuses, étoit élevé exprès sur le rivage. Ce n'étoient que jeux & que danses. L'air ne retentissoit que de cris de loüange & d'exclamations de joïe. Les parfums odoriférans ne cessoient de brûler dans le Temple ; lorsqu'enfin, par le son de divers instrumens les plus bruïans, on donnoit le signal pour avertir, que le Navire alloit être lancé à l'eau.

Des Hommes d'élite en grand nombre, couronnés de fleurs, vêtus d'un habit galant & uniforme, s'avançoient en bon ordre autour de ce Navire, pour y oc-

(a) Ap. Mel. L. 11.

cuper chacun la place, qui leur avoit été assignée par des Chefs qui les commandoient.

Là, dans une posture décente & en silence, ils tenoient les cordages, les rouleaux de bois, les leviers, qui devoient servir à traîner & à pousser le Navire dans l'eau; tandis que le Grand-Prêtre, un Flambeau à la main, approchoit majestueusement du Navire, orné de couronnes de fleurs & brillant par des Lames d'or, qui servoient de cadre à divers sujets d'une peinture mysterieuse; & au milieu d'une confusion de cris redoublés, de vœux ardens pour l'heureux sort du Navire, il étoit mis à flot.

La Cérémonie terminée, les Matelots montroient leur joïe, par un empressement à s'embarquer; & pleins d'une sainte confiance, ils ne respiroient plus qu'après l'heureux moment de pouvoir mettre à la Voile, sans craindre la fureur des vagues, ni la violence des Vents.

Lors de la naissance & des premiers progrès de la construction, les Vaisseaux répondoient mal à l'idée, que nous pourrions nous en former aujourd'hui. Legers & peu solides, sans que l'Art en eût encore perfectionné la figure, ils étoient exposés à un naufrage presque certain, dès qu'une tempête soudaine venoit à soulever les flots & ne donnoit pas le tems à ceux qui montoient ces Navires de trouver leur salut en s'approchant assez près de la terre, pour pouvoir jetter plusieurs Ancres. *

(a) Plusieurs Ecrivains attribuent l'invention des Ancres à Midas; d'autres aux Toscans; quelques-uns prétendent, qu'on en ignore absolument l'Auteur.

Lesquelles, selon le Pere Montfaucon, n'étoient alors que de gros morceaux de pierre ou de marbre, attachés à un fort long cable qu'on nommoit *Chameau* *.

Les Navires, qui, sans avoir éprouvé de tempêtes considerables, revenoient après un voïage, étoient retirés de l'eau & traînés sur la terre, afin de les mieux conserver.

On demanda à Anarcharchis, ** Homme de réflexion & de jugement, quels étoient les Vaisseaux, qui étoient les plus sûrs; *ceux*, répondit-il, *qui sont à terre* : voulant signifier que legers & fragiles comme ils étoient, il falloit les rendre plus forts & plus propres à être exposés sur la Mer.

La superstition, qui regnoit alors si impérieusement, faisoit l'impression la plus vive & la plus extravagante sur l'esprit des Marins. Une Hirondelle, qui se seroit perchée au haut d'un Mât ; un Marinier, qui auroit éternué à gauche, sans avoir attention de se tourner à droite ; un Feu S. Elme, qui n'aïant paru que dans un seul endroit du Mât, n'auroit pû, n'étant pas double, être appellé Castor & Pollux, & mille autres choses semblables, étoient autant de présages, qui leur annonçoient un malheur & un naufrage prochain, qu'ils auroient dû bien plûtôt attribuer à la foible cons-

* C'est, disent Théophile & d'Euthimius, à ce cordage, que Jesus-Christ fait allusion, lorsqu'il dit, qu'il est plus difficile à un Riche d'entrer dans le Roïaume des Cieux, qu'à un Chameau de passer par le trou d'une éguille.

** Si l'on en croit M. de Fenelon, ce Philosophe vivoit dans la 47 Olympiade, c'est-à dire, environ l'an 3388. Abr. de L. Vie des An. Ph.

truction de leurs Navires ou a leur peu d'habileté dans l'Art du Pilotage, de la Manœuvre & de la Mâture même des Vaisseaux.

Quoique la Navigation ne fût encore que très-imparfaitement établie, il se trouvoit néanmoins des Hommes, qui avoient assez de courage & assez de témérité, pour oser braver les flots & les vents. Mais les trop fréquens naufrages firent, qu'après avoir pensé sérieusement à la maniére de rendre les Navires plus solides, on voulut aussi les fortifier & les mettre en état, à la rencontre d'un Vaisseau ennemi, d'attaquer ou de se défendre.

Dans cette vûë, on arma les Prouës des Navires d'une sorte d'arme, qu'on nomma Eperon, connuë aussi sous le nom de *Rostrum.* (*a*) C'étoit ou une longue pointe de fer extrêmement aiguë, ou un trident d'un fer bien acéré, ou une grande lame d'un fer tranchant, telle à peu près, dont encore aujourd'hui sont armées les Gondoles de Venise.

L'adresse consistoit à ne présenter que le front au Navire ennemi; à manœuvrer de maniere à pouvoir arriver sur lui lorsqu'il montreroit le flanc, & à l'entamer par un coup, que les Vents & la Rame rendoient furieux. Ce coup étoit quelquefois si impétueux, qu'il ouvroit les Vaisseaux & les couloit à fond. Souvent les Navires se heurtoient avec tant de violence, qu'ils se brisoient l'un l'autre, ou s'engageoient tellement par la profondeur du fer, qui étoit entré en

(*a*) Pline L. 7. C. 56. donne l'invention des Eperons à Pizée.

avant, que les Hommes étoient obligés de se battre de pied ferme, comme s'ils avoient été sur terre.

Alors les armes des Marins, pour attaquer de loin n'étoient que des Dards & des Javelots, des Catapultes & des Balistes pour lancer des pierres, des Faux emmanchées à rebours au bout de longs bâtons (*a*) afin de démâter les Navires; des Epées, des Sabres, des Coutelas, des Massuës garnies de pointes de fer, des Lances, pour combattre de près.

Outre ces armes, on se servoit d'une Machine appellée *Corbeau*, & quelquefois *Dauphin*, selon qu'elle avoit la figure de la tête d'un Corbeau ou d'un Dauphin. C'étoit une masse énorme de plomb ou de fer, attachée à l'extrêmité de la Vergue du Vaisseau, qu'on lançoit, ou qu'on laissoit tomber tout d'un coup sur le Navire ennemi, lorsqu'on en étoit proche, & qui, par la chute de ce poids prodigieux, étoit quelquefois percé jusqu'au fond.

Dans un Combat, donné auprès de Syracuse entre les Habitans de cette Ville & les Athéniens, les Syracusiens, qui avoient leurs Vaisseaux armés de ces Corbeaux ou Dauphins, en coulerent à fond deux des Athéniens, qu'ils avoient brisés & ouverts par le moien de cette Machine. (*b*).

On éleva aussi des Tours sur la Prouë & sur la Poupe des Navires. Agrippa les mit en usage. (*c*) C'étoient

(*a*) Vegece L. 4. C. 14.
(*b*) Thucid. L. 7. C. 7.
(*c*) Servius De Bel. Civ. L. 1.

comme des citadelles d'un Vaisseau. Marc-Antoine à la Bataille d'Actium, avoit sur ses Vaisseaux plusieurs de ces Tours, qu'il avoit rendues formidables par leur structure & par le grand nombre de Combattans qu'il y renferma. (*a*) Le Vaisseau de Pompée étoit aussi fortifié par une de ces Tours, lorsque Cæsar l'assiégea dans le Port de Blinde. (*b*)

Il y auroit de l'injustice à penser, que les Anciens, dans leurs Batailles Navales, donnassent tout à la bravoure & à l'intrépidité, & rien à la conduite & à la sagesse. L'adresse, la bonne manœuvre, l'ordre dans la maniere de se former, la promptitude dans les évolutions, l'habileté à prendre le dessus du Vent, la ruse & les stratagêmes, tout cela avoit part à leurs victoires.

Ici les uns pour frapper l'imagination du Soldat, & pour lui inspirer une sorte d'audace, faisoient peindre sur le corps de leurs Navires des Batailles sanglantes, où celui-ci étoit victorieux sur ses Ennemis. Là d'autres enduisoient leurs Vaisseaux d'une couleur de Mer, ainsi que les cables & l'Equipage, pour surprendre inopinément l'Ennemi, qu'ils avoient à combattre. (*c*)

Les Anciens n'exigeoient pas seulement dans un Officier de l'activité & du courage, on vouloit en

(*a*) Æneid. L. 8. *Alta petunt: Pelago credas innare revulsas*
Cicladas, aut montes concurrere montibus altos
Tanta mole viri, turritis puppibus instant.

(*b*) Servius de Bell. Civ. L. 1.

(*c*) Plin. L. 35. C. 7.

lui de l'intelligence & de la prudence ; dans un Pilote de l'exactitude , une parfaite connoiſſance des Aſtres, des Côtes , du cours des Marées , des écueils , pour le diriger ſûrement dans ſa route , lorſque la Bouſſole n'étoit pas encore inventée * & que les voïages ſe faiſoient à vuë de terre ; (a) dans un Rameur de la force & de la patience ; dans un Commandant preſque toutes ces diverſes qualités réunies enſemble, & ſur-tout le grand art de ſavoir à propos livrer ou éviter le Combat , en aïant égard au tems, au lieu , aux conjonctures. (b)

Il eſt néanmoins vrai de dire , que les Marins , juſqu'au ſimple Soldat & au Matelot, ſe piquoient d'un fanatiſme de bravoure & de valeur , qu'on pourroit plutôt appeller férocité. Parmi pluſieurs exemples , que l'Hiſtoire ancienne en fournit , je me borne à ce Soldat Athénien,nommé Cinaigre,exemple ſi connu & ſi vanté.

Les Athéniens , après avoir défait les Perſes à Marathon , les pourſuivirent pour s'emparer de leurs Navires. Cinaigre arrive à bord d'un Vaiſſeau , le ſaiſit par la main droite , on la lui coupe. Il l'arrête avec la main gauche ; elle ſubit le même ſort. Au défaut des mains , il y porte les dents qu'il enfonce dans le bois : mais cette bravoure ſi extraordinaire ne touche pas les Vaincus ; le fer eſt levé ; & le Perſe , qui croit ne tuer

* La Bouſſole a été inventée l'an 1300. ou environ par *Flavio Gioja.* Le Savant M. Grimaldi l'a dit & l'a prouvé. *Saggi di Diſſertazioni Academiche Publicamente Lette nella nobile Accademia Etruſca.* &c.

(a) Plin. L. 7. C. 56. (b) Veg. C. 13. & 14.

qu'un Soldat, met bas la tête d'un de ces Héros Fanatiques. (*a*)

Anciennement celui, qui survivoit à une action de valeur, par laquelle il s'étoit signalé dans un combat sur Mer, ne demeuroit point sans récompense. Une couronne d'or étoit le prix, qu'on adjugeoit à celui, qui s'étoit distingué. Agrippa, après la Bataille d'Actium, reçût de la main d'Auguste cette couronne, comme une marque d'honneur duë à la valeur qu'il avoit fait paroitre en combattant (*b*); & Terentius Varron la reçût de Pompée, pour s'être distingué à la Guerre contre les Pirates (*c*).

Les Vaisseaux, qui arrivoient au Port après une heureuse Navigation, ou après une victoire gagnée, étoient ornés de couronnes de fleurs. On les couronnoit aussi de fleurs, afin d'avoir les Dieux propices dans une expédition, pour laquelle on mettoit à la Voile, & pour leur rendre des actions de grace d'un succès favorable (*d*). Alcibiade, partant pour la Conquête de la Sicile; Enée, après la Victoire remportée sur les charmes de l'infortunée Didon; (*e*) Lucullus, aïant triomphé de Varrus dans l'Isle de Lemnos, & Thésée allant à Délos, pour y offrir aux Dieux les vœux, qu'il avoit

(*a*) Justin. L. 2. & Sueton. in Cæ. C. 68.
(*b*) Pat. L. 2. C. 46.
(*c*) Plin. L. 16. C. 4.
(*d*) Virg. Æneid. 4. *Puppibus & læti Nautæ imposuêre coronas.*
(*e*) Procop. L. 3. *Ecce coronatæ portum tetigêre Carinæ.*

faits, avoient les Prouës & les Poupes de leurs Vaisseaux garnies de couronnes de fleurs.

Un Vaisseau, qui apportoit une nouvelle agréable, étoit non-seulement couronné de fleurs ; ceux qui les montoient l'étoient aussi. C'est ce que Lucien rapporte, en parlant du Vaisseau, qui porta la nouvelle de la mort de Neron.

De toutes les couronnes, d'un assez fréquent usage alors parmi les Marins , la plus glorieuse étoit celle qu'on appelloit la *Navale*; parce qu'on ne la donnoit qu'en récompense d'une belle action faite sur Mer. Elle étoit d'or chargée de Prouës de Navires gravées tout au tour; & par cette raison elle étoit nommée *Corona Rostrata* (*a*).

Ceux des Marins , qui après un naufrage avoient été assés heureux pour se sauver, portoient pendant long-tems derriere leurs Dos quelques débris du Navire, qui avoit péri, sur lesquels étoit peinte l'image de leur infortune ; & après avoir consacré à Neptune les habits avec lesquels ils avoient échapé au naufrage, ils faisoient des prieres & des pénitences publiques, pour fléchir ce Dieu de la Mer. (*b*)

Ce n'étoit pas seulement, pour faire des courses & des voïages sur les eaux qu'anciennement on construisoit des Vaisseaux, l'Antiquité nous en présente de

(*a*) Æneid. L. 8. . . . . . *Cui belli insigne superbum.*
Tempora navali fulgent rostrata corona

(*b*) Hor. L. 1., Od. 5. . . . . . . *Me tabula sacer*
Votiva paries indicat uvida
Suspendisse potenti
Vestimenta maris deo.

pompeux, dans la construction desquels plusieurs Princes avoient voulu principalement faire éclater leur magnificence. Ceux de Philopator & d'Hieron sont des plus renommés.

Celui de Philopator, qui avoit le fond plat, & que par là on doit plûtôt considerer comme une Galere, porta le nom de *Thalamegue*, à cause du grand nombre de Lits magnifiques, qui étoient distribués dans différentes Chambres.

Cette Galere avoit six cens pieds de long, sur quatre-vingt-cinq de large. Au milieu s'élevoit un superbe Palais, construit de bois de Ciprès & de Cédre : il renfermoit une multitude de Chambres & de Sales à manger, meublées avec toute la sumptuosité possible, ornées de dorures & de figures en relief. Les Appartemens se communiquoient par vingt Portes garnies d'un ouvrage d'Ivoire le plus parfait.

En dehors, il étoit embelli de Colonnes, dont les architraves & les chapiteaux étoient d'or & d'ivoire. Tous les cordages étoient de pourpre. Par le grand nombre de Rames & de plus de mille Rameurs, on pouvoit en cotoïant faire route avec assez de célérité.

Les riches Egyptiens, qui vouloient naviguer délicieusement sur le Nil, avoient de ces petits Thalamegues, dont la magnificence étoit proportionnée à leur fortune. C'est sur un pareil Bâtiment, que Cesar épris des charmes de Cléopatre traversa l'Egypte jusqu'en Ethiopie. (a)

La

(a) Suet. in Cæs. 5. 2.

Le Navire, que fit construire Hieron, n'est pas moins célèbre que la Galere de Philopator. Le fameux Archimede en avoit donné le plan, qui fut exécuté par Archias, Corinthien.

Ce Vaisseau étoit à trois étages, que les Marins appellent *Ponts*. Dans celui du milieu, regnoient de chaque côté trente Chambres, qui renfermoient chacune quatre lits, sans compter la Chambre des Pilotes, qui en contenoit quinze. Le Tillac étoit pavé à la mosaïque. De petites pierres de differentes couleurs, par un ingénieux arrangement, représentoient les évenemens décrits par Homere dans l'Iliade. Au plus haut Pont, étoit une Sale d'exercice, pour les jeux & pour la danse, d'où l'on entroit sur une vaste Terrasse, qui formoit un Jardin orné de plantes & de fleurs.

Il y avoit un Appartement séparé pour les Dames, où l'on trouvoit tout ce que la galanterie la plus rafinée avoit pû inventer : il étoit pavé d'Agate & d'autres pierres précieuses. Les Plat-fonds de cet Appartement & les Cloisons, qui en séparoient les Chambres, étoient d'un bois de Ciprès travaillé avec beaucoup d'art, par les plus habiles Ouvriers, & les Portes d'une Marqueterie d'Ivoire & d'un bois odoriférant. La propreté & la richesse des Meubles, les Dorures, les Statuës répondoient à la sumptuosité de l'Edifice. Près de-là étoit une très-grande Sale pour les Sciences, contiguë à une magnifique & nombreuse Bibliotheque.

On avoit pratiqué sur ce Bâtiment dix Ecuries pour des Chevaux ; des Bains, où rien ne manquoit de tout ce que la molesse pouvoit désirer ; un Réservoir d'Eau très-spatieux rempli de Poissons, afin d'y pouvoir prendre, quand on vouloit, le plaisir de la Pêche.

Hieron, n'aïant aucun Port, qui pût contenir ce trop superbe & trop merveilleux Vaisseau, l'envoïa à Alexandrie chargé de Bled & en fit présent à Ptolomée, qui voïoit ses Etats désolés par une grande famine.

Il est aisé de voir, par tout ce qu'on a dit jusqu'ici, que les Anciens ne s'assujettissoient pas à des regles certaines dans la construction de leurs Navires ; que l'Architecture Navale n'étoit point parmi eux, un Art établi sur les Loix d'une savante mécanique du mouvement des corps dans les fluides, & de la force des bois & des cables, qui doivent composer le Vaisseau. *

Ils observoient néanmoins quelques principes généraux. Les Navires, destinés à ranger les côtes & à passer sur les vases, étoient larges & extrêmement plats par le fond : les autres au contraire étoient étroits & avoient leurs Prouës aigues. Il falloit selon eux, & c'étoit une grande maxime, relever beaucoup les bords des Vaisseaux, afin de mieux resister à la Tempête, & pour bien faire ciller le Navire, retrecir les Proues & les Poupes. (a)

Les *Liburnes* & les *Epatocleres* étoient ainsi construits; parce que l'usage des premiers se bornoit à des courses

* Les Anciens travailloient à tâtons dans leur Chantier, & en cela ils sont répréhensibles. Ils ont inventé cependant les principales parties du Navire, & nous devons le reconnoître. Aprés Ezechiel (*Ezech.* 27) Lucrece, Liv. 2. en fait l'énumération :

Sed quasi naufragiis magnis, ventisque coortis
Disjectare solet magnum mare transtra guberna
Antennas, proram, malos, tonsasque natantis :
Per terrarum omnis oras fluitantia plaustra.

(a) Lil. Giral. C 5.

legeres, & qu'on ne se servoit de ceux-ci que pour la Piraterie. On cousoit ces derniers avec des courroies ; on les démontoit & on les portoit à la Mer sur les épaules.

Telle a été la conduite des Constructeurs jusques à l'invention de la poudre, où les Modernes ont fait un Art, de ce qui étoit routine dans plusieurs & caprice dans quelques-uns, & qu'ils ont tâché de perfectionner l'Architecture des Vaisseaux. Les diverses Nations, par une émulation noble & utile, s'y sont appliquées avec soin ; & dans le désir de rendre leur Marine redoutable & florissante, elles ont profité des découvertes les unes des autres. L'art de construire, de mâter, de naviguer a été l'objet des réflexions des plus habiles Marins, & de plusieurs Savans, qui se sont attachés à cette étude : mais il s'en faut de beaucoup encore, que cet Art important de naviguer & de construire soit arrivé à ce point de perfection où il doit parvenir un jour.

Il n'est pas de mon dessein d'entrer dans ce que l'Architecture Navale des Modernes peut presenter de grand, de curieux & d'utile : cette Histoire est encore très-imparfaite, & assez connuë par la quantité d'Auteurs qui en ont écrit. Je me suis borné à l'Origine & aux Progrès de la construction des Navires des Anciens.

APPROBATION.

J'AI lû par ordre de Monseigneur le Chancelier un Manuscrit Intitulé : *Discours, ou Recherches Historiques sur l'Origine, & les Progrès de la Construction des Navires des Anciens.* & je n'y ai rien trouvé qui en puisse empêcher l'Impression. A Paris ce 20. Juillet 1746. CLAIRAUT.

PRIVILEGE DU ROI.

LOUIS PAR LA GRACE DE DIEU, ROI DE FRANCE ET DE NAVARRE: A nos amés & féaux Conseillers les Gens tenants nos Cours de Parlement, Maîtres des Requêtes ordinaires de notre Hôtel, Grand Conseil, Prévôt de Paris, Baillifs, Sénéchaux, leurs Lieutenans Civils & autres nos Justiciers qu'il appartiendra: SALUT. Notre bien Amé le Sieur SAVERIEN, Nous a fait exposer qu'il désireroit faire Imprimer & donner au Public un Ouvrage de sa composition, qui a pour titre: *Discours, ou Recherches Historiques sur l'Origine & les Progrès de la Construction des Navires des Anciens*: s'il nous plaisoit de lui accorder nos Lettres de Permission pour ce nécessaires; A ces Causes voulant favorablement traiter le Sieur exposant Nous lui avons permis & permettons par ces présentes de faire imprimer led. Ouvrage en un ou plusieurs volumes, & autant de fois que bon lui semblera & de le faire vendre, & débiter par-tout notre Royaume pendant le tems de trois années consécutives, à compter du jour de la date des presentes. Faisons défenses à tous Libraires & Imprimeurs, & autres personnes de quelque qualité & condition qu'elles soient, d'en introduire d'impression étrangere dans aucun lieu de notre obéissance; à la charge que ces Présentes seront enregistrées tout au long sur le Registre de la Communauté des Libraires & Imprimeurs de Paris, dans trois mois de la date d'icelles: Que l'Impression dudit Ouvrage sera faite dans notre Royaume, & non ailleurs; en bon Papier & beaux caractéres conformément à la feuille Imprimée attachée pour modéle sous le contre Scel des Présentes, que l'Impétrant se conformera en tout aux Réglemens de la Librairie,& notamment à celui du dix Avril mil sept cent quarante cinq; & qu'avant que de l'exposer en vente, le Manuscrit qui aura servi de copie à l'impression dudit Ouvrage, sera remis dans le même état où l'Approbation y aura été donnée, ès mains de notre très-cher & féal Chevalier le sieur Daguessau Chancellier de France, Commandeur de nos Ordres & qu'il en sera ensuite remis deux Exemplaires dans notre Bibliotheque publique, un dans celle de notre Château du Louvre, & un dans celle de notredit très-cher & féal Chevalier le Sieur Daguessau Chancellier de France Commandeur de nos Ordres, & du Contenu desquelles vous mandons & enjoignons de faire jouir l'Exposant, ou ses ayans-causes, pleinement & paisiblement sans souffrir qu'il leur soit fait aucun trouble ou empêchement. Voulons qu'à la Copie desdites Présentes, qui sera imprimée tout au long au commencement ou à la fin dudit Ouvrage, foi soit ajoutée comme à l'Original: Commandons au premier notre Huissier ou Sergent sur ce Requis, de faire pour l'exécution d'icelles, tous actes requis & necessaires sans demander autre permission, & nonobstant Clameur de Haro, Chartre Normande, & Lettres à ce contraires: CAR tel est notre plaisir. Donné à Paris, le vint uniéme jour du mois de Septembre, l'an de grace mil sept cent quarante six & de notre Regne le trente-deuxiéme. Par le Roi en son Conseil.

Signé, SAINSON.

Régistré sur le Régistre XI. de la Chambre Royale Sindicale des Libraires & Imprimeurs de Paris, No. 701. fol. 620. conformément aux Réglemens de 1723, qui fait défense Art. 4. à toutes personnes de quelque qualité qu'elles soient autres que les Libraires & Imprimeurs, de vendre débiter & faire Afficher aucuns Livres, pour les vendre en leurs Noms, soit qu'ils s'en disent les Auteurs ou autrement, & à la charge de fournir à ladite Chambre Royale & Syndicale les huit exemplaires prescrits par l'Artile 108. du Réglement. A Paris le 14. Oct. mil sept cent quarante six.

VINCENT, Syndic.

www.ingramcontent.com/pod-product-compliance
Ingram Content Group UK Ltd.
Pitfield, Milton Keynes, MK11 3LW, UK
UKHW022146170726
13837UKWH00004B/1814